BEI GRIN MACHT SICH IHR WISSEN BEZAHLT

AF143506

- Wir veröffentlichen Ihre Hausarbeit, Bachelor- und Masterarbeit

- Ihr eigenes eBook und Buch - weltweit in allen wichtigen Shops

- Verdienen Sie an jedem Verkauf

Jetzt bei www.GRIN.com hochladen und kostenlos publizieren

GRIN ☺

David Hößel

Schulpraktische Übungen: Mathematik in der Klassenstufe 3

GRIN Verlag

Bibliografische Information der Deutschen Nationalbibliothek:

Die Deutsche Bibliothek verzeichnet diese Publikation in der Deutschen National-
bibliografie; detaillierte bibliografische Daten sind im Internet über http://dnb.d-
nb.de/ abrufbar.

Impressum:

Copyright © 2010 GRIN Verlag GmbH
Druck und Bindung: Books on Demand GmbH, Norderstedt Germany
ISBN: 978-3-640-92139-3

Dieses Buch bei GRIN:

http://www.grin.com/de/e-book/171925/schulpraktische-uebungen-mathematik-in-
der-klassenstufe-3

GRIN - Your knowledge has value

Der GRIN Verlag publiziert seit 1998 wissenschaftliche Arbeiten von Studenten, Hochschullehrern und anderen Akademikern als eBook und gedrucktes Buch. Die Verlagswebsite www.grin.com ist die ideale Plattform zur Veröffentlichung von Hausarbeiten, Abschlussarbeiten, wissenschaftlichen Aufsätzen, Dissertationen und Fachbüchern.

Besuchen Sie uns im Internet:

http://www.grin.com/

http://www.facebook.com/grincom

http://www.twitter.com/grin_com

Universität Rostock

Philosophische Fakultät

Institut für Schulpädagogik

Bereich Grundschulpädagogik

Bericht zu den

Schulpraktischen Übungen

Mathematik

WS 2010/11

Lernbereich: Mathematik   *Name:* David Hößel

Seminar: SPÜ-Mathematik

Dozent: *Studienrichtung:* LA für Grund- und

WS 2010/11   Hauptschulen Deutsch, Religion

                                               9. Fachsemester

Inhaltsverzeichnis

1. Bedingungsanalyse

1.1. sozio-kulturell und anthropologisch

Die Schulpraktischen Übungen Mathematik fanden in der Schule in Warnemünde, in der Zeit am Dienstag von 08:25 Uhr bis 09:10 Uhr statt. Die Schule befindet sich unter staatlicher Trägerschaft und ist zweizügig.

Der Unterricht fand in der Klasse 3a statt. Die Direktorin der Schule unterrichtet die Klasse in den Fächern Mathematik und Englisch. Die Klasse besteht aus 27 Schülerin und Schülern, davon 11 Mädchen und 16 Jungen.[1] Der Großteil der Kinder kommt aus Warnemünde und Umgebung. Die Klasse hat einen angenehmen Eindruck hinterlassen, war stets freundlich und aufgeschlossen.

Die Disziplin im Unterricht ist angemessen. Während der Unterrichtsbeobachtungen ist auffällig geworden, dass vier der Kinder zu langsam arbeiten, fünf Kinder häufig ihre Hausaufgaben oder Unterrichtsmaterialien vergessen. Besonders auffällig ist Schüler1, der den Unterricht meistens verweigert hat. Intervenierungsmaßnahmen durch die Lehrkraft während des Unterrichts hatten oft keinen Erfolg. Schüler1 musste daher in der großen Hofpause den Stoff der Stunde nacharbeiten. Der Grund für Schüler1 Verhalten, so erläuterte die Lehrerin, liegt bei den Eltern, die zu Hause sowohl Hausaufgaben, als auch aktuelle Inhalte des Mathematikunterrichts vorwegnehmen.

Die Kinder sind verschiedene Sozialformen gewöhnt, wie Gruppenarbeit, Partnerarbeit, Einzelarbeit und Stationsarbeiten. Wiederholt betonte die Lehrerin, dass an der Schule gezielt frontal unterrichtet wird, wobei die Lehrer nach ihren Möglichkeiten differenzieren. Die Klasse sei allerdings nicht eigenständig genug in ihrem Denken und verlasse sich zu sehr darauf, dass die Lehrer ihnen die Probleme erklären und sie für sie lösen.

Das Klassenzimmer ist ansprechend gestaltet, allerdings nicht auf den Mathematikunterricht bezogen.

2. Unterrichtsbeobachtungen

2.1. Reflexion einer beobachteten Stunde

Alle Beobachtungen zu den Hospitationsstunden befinden sich im Anhang in schriftlich ergänzter Form zum Stundenentwurf. Im Folgenden werde ich eine Hospitationsstunde näher reflektieren.

Der Unterrichtsstunde liegt das Themengebiet Sachaufgaben zu Grunde. Ziele der Stunde sind das Trainieren und Festigen von Textverständnis und die Schülerin und Schüler sollen lernen bekannte Rechenoperationen selbstständig auf sachbezogene Inhalte zu beziehen.

Frau H. tritt der Klasse freundlich gegenüber und strahlt Sicherheit und Selbstbewusstsein aus. Ihre Stimme ist laut und deutlich. In der Motivations- und Einführungsphase sollen die Kinder aus einem

---

[1] Sitzplan, siehe Anhang 6.3..

Bild Informationen entnehmen. Das Bild wurde mit dem Overheadprojektor an die Wand geworfen. Die Schülerin und Schüler sollen nun die Situation auf dem Bild beschreiben. Die Lehrkraft achtet in dieser Phase darauf, dass sich alle Schülerin und Schüler am Unterrichtsgeschehen beteiligen. Daher nimmt sie auch gezielt Kinder dran, die sich nicht melden. Sie schafft einen weichen Übergang in die Hinführungs- und Erarbeitungsphase, indem sie die Klasse bittet, die verschiedenen Fragen an der Tafel zu ordnen. Es soll entschieden werden, ob die Frage zum Bild passt. Die Formulierung der Frage zum Arbeitsauftrag war jedoch nicht deutlich genug, wodurch die Schülerin und Schüler mit der Bearbeitung der Aufgabe Schwierigkeiten hatten. Daraufhin lässt sie die Frage zweimal laut wiederholen und ergänzt selbstständig einige hilfreiche Erklärungen. Anknüpfend daran sollen die Kinder selber aktiv werden und eigene Fragen formulieren. Der Fokus liegt hierbei in der Sinnhaftigkeit der formulierten Frage. Die Lehrkraft vergewissert sich daher vorher bei der Klasse nach der Sinnhaftigkeit, da nicht alle Kinder die Frage verstanden haben.

In der Festigungsphase soll die Klasse ein Arbeitsblatt bearbeiten. Frau H. muss die Klasse ermahnen, tut dies aber auf zunächst auf eine nette Art, da es zu laut und unruhig ist: „Hast du schon gelesen?". Die Zeiteinteilung für die Bearbeitung ist sehr straff gewählt. Einige Minuten mehr wären besser gewesen.

In der darauffolgenden Kontrollphase tragen die Kinder ihre Ergebnisse zusammen. Die Lehrkraft achtet streng darauf, dass die Kinder in einem Satz antworten (Antwortsatz). Eine Schwierigkeit der Aufgabe liegt im richtigen Verwenden der Einheiten. Darauf hat Frau H. geachtet und die Einheiten korrekt verwendet und die Schülerin und Schüler gegebenenfalls hingewiesen.

In der Festigungsphase II klappt die Lehrerin die Tafel auf und lässt die Aufgabe vorlesen. Auffällig ist die Tafelschrift. Sie ist nur hinreichend lesbar und für die Kinder in den letzten Reihen zu klein geschrieben. Der Arbeitsauftrag, die Hefte aufzuschlagen und die Aufgabe erst abzuschreiben und dann zu rechnen wurde nicht angesagt. Frau H. hat aber im Verlauf den Auftrag wiederholt und die Kinder haben die Aufgabe abgeschrieben. In der zweiten Kontrollphase kontrolliert sie gemeinsam mit den Schülerin und Schüler die Ergebnisse und lässt falsche Antworten sofort berichtigen.

Die Zeiteinteilung für die Unterrichtsstunde war gut gewählt und damit umsetzbar. Sie beendet die Stunde, bedankt sich bei der Klasse für die Mitarbeit und verabschiedet sich.

3. Die Unterrichtsplanung

3.1. Sachanalyse zum Thema: Sachrechnen

Sachrechnen ist ein wichtiger Baustein des ganzheitlichen Lernens, dass die Kinder in die Lage versetzten soll, sich in ihrer Welt mit Fantasie, Wort und Zahl zurechtzufinden. Sachrechnen ist mehr als nur rechnen mit Sachen und kann nicht durch abarbeiten von zusammenhangslosen Aufgaben realisiert werden. Sachrechnen soll ein Stück entdeckendes Lernen sein – also das Bemühen die Welt mit „mathematischen Augen" zu sehen und zur Entwicklung allgemeiner Problemlösefähigkeiten beitragen.

„Sachrechnen ist kein eigenes Themenfeld, weil inner- und außermathematische Problemlöseprozessen allen Themenfeldern eine Rolle spielen. Zwischen Nachdenken über die Sache und Rechnen mit der Sache muss eine Beziehung hergestellt werden, die die selbstständige Analyse und das Verstehen des Sachverhaltes fördert."[2]

Nach Winter unterteilt man Sachrechnen in drei didaktische Funktionen, die sich jedoch nicht deutlich voneinander abgrenzen lassen.

<u>Sachrechnen als Lernstoff</u>
Sachrechnen als Lernstoff setzt sich mit elementaren Gegenständen der Mathematik auseinander. Es geht darum den Kindern Wissen über Größen und Fertigkeiten im Umgang mit diesen aufzubauen. Diese sind jedoch nur sinnvoll, wenn sie in die umgreifenden pädagogischen Zielvorstellungen integriert werden.

Seit eh und je umfasst das Sachrechnen den Umgang mit den „bürgerlichen Größen" (vgl. Kapitel 6). Diese umfassen in der Grundschule neben den physikalischen Größen Längen, Zeitspannen, Gewichte, Hohlmaße (als spezielle Volumina) und Flächeninhalte auch Stückzahlen (Zählgrößen) und Geldwerte. Außerdem wurden ergänzend elementare Verfahren der Statistik und Kombinatorik aufgenommen. Diese mathematischen Inhalte werden in Sachsituationen integriert behandelt. Damit wird einerseits deutlich, dass Sachrechnen mehr umfasst als Rechnen, andererseits aber auch, dass es sich hier um eigenen Lernstoff handelt. Im Vordergrund stehen nach Winter (2003b, S. 15)

- Methoden zum Gewinnen von Daten (Zählen, Messen und Schätzen),
- Kenntnisse der Maßsysteme und Verankern von Stützpunktwissen (Einheiten und Repräsentanten für Einheiten und Zahlen),
- Methoden zum Darstellen von Daten (Modellieren, Symbolisieren, Zeichnen)

Und

---

[2] Rahmenplan Mathematik Grundschule, S.21.

4

- Formen der Verarbeitung von Daten (Sortieren, Vergleichen, Anordnen, Rechnen, Umwandeln).

Es gibt zahlreiche Möglichkeiten, Sachsituationen aus der Erfahrungswelt der Schülerinnen und Schüler zu mathematisieren, indem Daten zu Zahlen und Größen verarbeitet werden. Die dabei ermittelten neuen Daten sind dann als Antwort auf situationsorientierte Fragen zu interpretieren und damit auf die Sachsituation zurückzubeziehen.[3]

<u>Sachrechnen als Lernprinzip</u>

Dieses Prinzip ist als Ausgangspunkt für mathematische Themen zu verstehen. Die Schülerin und Schüler sollen Bezüge zur realen Umwelt herstellen, die für das Lernen mathematischer Begriffe und Verfahren genutzt werden können. Es sollen das Interesse am Lernen und das Verständnis gefördert werden, da so die Kenntnisse und Fertigkeiten besser gefestigt werden.

Das mathematische Lernen der Kinder sollte *von ihren Erfahrungen ausgehen*. Damit sind Sachsituationen der Ausgangspunkt mathematischer Lernprozesse. Die Kinder zählen bspw. schon früh Dinge aus ihrer Umgebung. Sie gehen vom Auszählen zum strukturierten Zählen und zum Auszählen von Möglichkeiten über. Durch das Anknüpfen an diese Erfahrungen der Kinder, an örtliche Gegebenheiten und persönliche Interessen wird das vorhandene Wissen aufgegriffen, umgeordnet, systematisiert, erweitert und vertieft. Wird Lernen derartig als Weiterlernen organisiert, ist es Erfolg versprechend. Durch Einbetten in und Anknüpfen an Sachsituationen können *mathematische Begriffe und Zusammenhänge veranschaulicht* und besser verdeutlicht werden. Damit bleibt Mathematik kein Operieren im abstrakten Raum, sondern Verstehen wird an spezifische Vorstellungen gebunden. Fast jede mathematische Beziehung, die Kinder in der Grundschule kennenlernen, kann in realen Situationen verkörpert werden. Allerdings besteht zwischen der Situation und dem mathematischen Modell keine Eins-zu-eins-Zuordnung, d. h. die Situation führt nicht direkt zum mathematischen Modell oder enthält dieses quasi in sich. Die Kinder gelangen erst durch die Interpretation der Situation unter einem bestimmten, eben mathematischen Blickwinkel, zu mathematischen Modellen (vgl. Abschnitte 4.2 und 4.3).

Sachsituationen sind damit

- Ausgangspunkt für den Erwerb neuen mathematischen Wissens und
- Anwendungs- und Übungsfeld für bereits erworbenes mathematisches Wissen.

Insgesamt bedeutet Sachrechnen als Lernprinzip, dass Bezüge zur Realität gesetzt werden, um die Schülerinnen und Schüler für mathematische Inhalte aufzuschließen, ihr mathematisches Verständnis

---

[3] Franke, M.: Didaktik des Sachrechnens in der Grundschule, S. 25.

aufgrund ihres Situationsverständnisses im Alltag zu fördern und gelernte mathematische Operationen und Verfahren in Anwendungen zu üben.[4]

<u>Sachrechnen als Lernziel</u>

Die sachrechnerische Kompetenz als übergeordnetes Lernziel ist besonders bei der Erschließung der eigenen Lebenswirklichkeit sehr hilfreich. Winter bezeichnet diesen Aspekt als das Wichtigste und unterrichtspraktisch am schwierigsten zu verwirklichende Funktion. "Entscheidend ist der Primat der Sache: Sachsituationen sind hier nicht nur Mittel zur Anregung, Verkörperung oder Übung, sondern selbst der Stoff, den es zu bearbeiten gilt. Sachrechnen ist damit ein Stück Sachkunde. Die Schüler sollen befähigt werden, umweltliche Situationen durch mathematisches Modellieren klarer, bewusster und auch kritischer zu sehen." (Winter 1985, S. 31).

Sachrechnen ist im Unterricht nicht nur als Mittel zum Üben und als Rahmen zum Vermitteln von mathematischem Wissen und von Größenvorstellungen zu sehen, sondern es ist selbst Gegenstand des Mathematikunterrichts. Die Schülerinnen und Schüler sollen lernen, umweltliche Phänomene durch mathematisches Modellieren besser zu verstehen, bewusster zu erleben und kritischer zu sehen. Diese Modellierungsprozesse als Problemlöseprozesse zu entwickeln, in denen auch fachunabhängige Kompetenzen erworben werden, stellt eine große Herausforderung dar. Die Probleme des Sachrechenunterrichts könnten – so die Hoffnung – behoben werden, wenn die Schülerinnen und Schüler beim Mathematisieren von Sachsituationen Sachwissen und Mathematik gleichermaßen erwerben sowie ihre allgemeinen Problemlösefähigkeiten auf- und ausbauen.[5]

Die Grundlagen, die für das Sachrechnen nötig sind entwickeln sich erst und werden mit der Klassenstufe des Kindes umfangreicher. Ein Kind der ersten Klassen wird weniger Grundlagen zum Bearbeiten einer Sachrechenaufgabe benötigen, als ein Kind der vierten Klasse. Für das erfolgreiche Lösen von Sachaufgaben müssen zunächst grundlegende Rechenverfahren (Addition und Subtraktion) vorausgehen. Später folgen die Multiplikation und die Division.

Wichtig sind auch die Fähigkeiten Listen und Tabellen lesen zu können, Zahlen zu vergleichen und zu ordnen, Zahlen zu runden, Ergebnisse abschätzen zu können und Daten aus Texten und Bildern herauszulesen. Weitere wichtige Fähigkeiten und Fertigkeiten sind:

- Lesefähigkeit und Textverständnis (Sachverständnis)
- Anwenden der Rechenverfahren
- Einen offenen Sinn für die Umwelt haben

[4] Franke, M.: Didaktik des Sachrechnens in der Grundschule, S. 25.
[5] Franke, M.: Didaktik des Sachrechnens in der Grundschule, S. 26.

- Bereitschaft sich auf außermathematische Erfahrungen einzulassen
- Mut zum probieren und schätzen

Das Sachrechnen hat oft negative Erfahrungen seitens der Schülerin und Schüler zur Folge, auch wenn das Sachrechnen eng mit der Erfahrungswelt der Kinder verknüpft ist, sind viele Probleme deutlich zu erkennen. Die Schwierigkeiten liegen nicht im Anwenden und Ausführen von geeigneten Rechenverfahren, sondern im Verstehen der Sachsituation. Die Kinder haben häufig Probleme den Text zu verstehen und gehen oft auf die gegebene Situation nicht ein. Um ein Ergebnis zu erreichen folgen die Schülerin und Schüler meist keinem geordneten Rechenweg, sondern probieren aus. Die Ergebnisse werden daraufhin nicht mit eigenen Erfahrungen verglichen und geprüft. Die Schwierigkeiten liegen beim Modellieren und Idealisieren von realen Erscheinungen.

Daher ist es wichtig kleinschrittig vorzugehen und den Kindern Regeln (klare Handlungsanweisungen) an die Hand zu geben:

- Den Text sorgfältig lesen und verstehen (Beziehung Text und Bild)
- Die Situation mit eigenen Worten wiedergeben können
- Überlegungen anstellen, worum es geht und wonach genau gefragt wird
- Nützliche Informationen aus Text und Bild entnehmen
- Die Zusammenhänge erkennen und untersuchen

3.2. Didaktisch-methodische Analyse zum Thema: Sachrechnen

3.2.1. Position in Rahmenplänen

Im Jahr 2004 haben sich die Bundesländer auf der KMK auf verbindliche Bildungsstandards für das Fach Mathematik geeignet. Der Bereich Sachrechnen wird dort nicht als ein entsprechender Inhaltsbereich aufgeführt.

„Sachrechnen ist kein eigenes Themenfeld, weil inner- und außermathematische Problemlöseprozesse in allen Themenfeldern eine Rolle spielen. Zwischen Nachdenken über die Sache und Rechnen mit der Sache muss eine Beziehung hergestellt werden, die die selbstständige Analyse und das Verstehen des Sachverhaltes fördert."[6]

Die Inhaltsbereiche *Größen und Messen* und *Daten, Häufigkeit und Wahrscheinlichkeit* (KMK 2004, S.14) gehören zu den wichtigsten Kompetenzbereichen für das Sachrechnen. Im Inhaltsbereich *Größen und Messen* gliedern sich die Kompetenzbereiche „Größenvorstellungen besitzen" und „mit Größen in Sachsituationen umgehen". Hier wird deutlich, dass Kinder nur zu Größenvorstellungen

---

[6] Rahmenplan Mathematik Grundschule in MV, S. 21.

gelangen, wenn sie zu verschiedenen Größen lebendige und reichhaltige Kenntnisse der Maßsysteme nutzen können.

Der Inhaltsbereich Daten, Häufigkeit und Wahrscheinlichkeit gliedert sich in den Kompetenzbereich „Daten erfassen und darstellen". Die Schülerin und Schüler lernen den Prozess der Datengewinnung und –Verarbeitung kennen, insbesondere das Lesen von aufbereiteten Datendarstellungen.

Auch in den Inhaltsbereichen *Zahlen und Operationen* sowie *Muster und Strukturen* finden sich Kompetenzbereiche, die sich dem Sachrechnen zuordnen lassen. „In Kontexten rechnen" (KMK 2004, S.12) wird ein enger Zusammenhang von Sachrechnen und Arithmetik hergestellt, in dessen Mittelpunkt das Lösen von Sachaufgaben steht. Dabei geht es nicht um das reine Wiedererkennen und Anwenden gelernter Operationen, sondern um das Herstellen und Beschreiben von Beziehungen zwischen Sache und Lösungsschritt.

Ein weiterer expliziter Bereich des Sachrechnens ist der Kompetenzbereich „Funktionale Beziehungen erkennen, beschreiben, darstellen" (KMK 2004, S.12). Die Schülerin und Schüler sollen Erfahrungen zu funktionalen Beziehungen systematisch zu Kompetenzen erweitern. Dazu gehören: „funktionale Beziehungen erkennen, beschreiben und entsprechende Aufgaben lösen; funktionale Beziehungen in Tabellen darstellen und untersuchen, einfache Proportionalitätsaufgaben lösen."[7]

Zuletzt werden im Inhaltsbereich *Raum und Form* geometrische Kompetenzen aufgeführt. Die Kompetenzbereiche „Sich um Raum orientieren" und „Flächen- und Rauminhalte vergleichen und messen" sind gewissermaßen die Schnittstelle zwischen *Raum und Form* sowie *Größen und Messen*.

Ein sinnvoller und ergiebiger Zugang zum Fachinhalt lässt sich über den „Problemlöseprozess" bewältigen, der für das Lösen mathematischer Probleme in folgende 4 Phasen eingeteilt wird:

1. *Verstehen der Aufgabe:* erfolgt über eine Analyse des Problems mit dem Ziel, alle gegebenen und gesuchten Variablen zu unterscheiden und zu erfassen, welche Beziehungen zwischen den Daten bestehen.

2. *Ausdenken eines Planes:* es wird eine Verbindung zwischen Gegebenem und Gesuchtem hergestellt, indem das Problem strukturiert, mögliche Teilziele festgehalten und somit der Suchraum eingeschränkt.

3. *Ausführen des Planes:* hierfür werden in der Regel bekannte mathematische Verfahren angewendet.

4. Rückschau: dient zur Kontrolle der Ergebnisse und deren Überführung im Hinblick auf die Problemstellung der Aufgabe zur Einordnung in den Sachverhalt. Zum anderen erfolgen eine Bewertung des Vorgehens und die Reflexion dessen. So können Schülerin und Schüler heuristische Strategien bewusst wahrnehmen und die Sachaufgabe in einen größeren Kontext einbinden.

---

[7] Franke, M.: Didaktik des Sachrechnens in der Grundschule, S. 35.

Die Heuristischen Strategien implizieren allgemeine Vorgehensweisen, die eine Lösungssuche unterstützen, aber nicht garantieren.

Mit der *Suchraumeingrenzung durch Teilzielbildung* können Zwischenziele formuliert werden, die das Problem durch die Teilziele in Lösungsschritte aufgliedert, welche sukzessiv bearbeitet werden sollen. Diese Methode wird auch Bergesteigermethode (hill-climbing) genannt (z. B. Anderson 2001). Durch Analogiebildung können Ähnlichkeiten zu entsprechend ähnlich strukturierten Lösungsschritten hergestellt werden. Die Schülerin und Schüler überprüfen, ob ähnliche Aufgaben auf die gleiche Weise bearbeitet werden können bzw. ob ähnliche Lösungsschritte von dem gelösten Problem auf das neue zu übertragen sind.

Die Wahl der Hilfsmittel als ein Element der Ziel-Mittel-Analyse stellt ein Prinzip dar, welches den Kindern hilfreich bei der Problembearbeitung zur Seite steht. Derartige heuristische Hilfsmittel sind Tabellen, Skizzen oder Planfiguren. Diese Hilfsmittel können sowohl in fertiger Form vorliegen oder von den Schülerin und Schüler selbst entwickelt werden.

Inhalt meiner Stunde war das Zeichnen einer Skizze. Die Schülerin und Schüler sollten anhand einer vorgegebenen Karte eine Skizze anfertigen, Strecken einzeichnen und eine Sachaufgabe in der Form (frage – rechne – antworte) erstellen. Für den Einstieg und zur Motivation der Klasse habe ich auf den Inhalt der letzten SPÜ-Stunde verwiesen und daran anknüpfend einige Informationen zum Lerngegenstand der heutigen Stunde erläutert. Hierbei wurde ein Bezug zur Lebenswirklichkeit und anderen mathematischen Bereichen hergestellt. Die Problemsituation in der Erarbeitungsphase ist, ob die Texte zu der Skizze passen. Die Schülerin und Schüler sollten zunächst eine Beziehung zwischen Text und Landkarte herstellen. Der Zugang erfolgte über das Anfertigen einer Skizze, welcher durch den Lehrer vorgegeben wurde. Im Vordergrund steht der Sinn einer Skizze, nämlich das Wesentliche und Bedeutsame zum Lösen der Aufgabe herauszustellen. Wichtig hierbei ist das Zerlegen in überschaubare Teilziele. Beginnend mit einer Skizze ‚die zum einen den groben Umriss des Scharmützelsee darstellt und das Eintragen aller Relevanten Ortsnamen (Haltestellen).[8] Das zweite Teilziel beinhaltet das Eintragen/Übertragen aller relevanten Strecken, die das Boot zurücklegt. Nach dieser Vorarbeit können sich die Schülerin und Schüler der eigentlichen Problemstellung widmen, welcher der angegebenen Texte auf die Skizze zutrifft. Zur Realisierung der Aufgabe beginnen die Kinder gemeinsam mit dem Lehrer alle angegebenen Strecken der Reihe nach einzutragen. Um die Aufgabe für die Kinder anschaulicher zu gestalten arbeitet die Lehrkraft an der Tafel parallel mit. In dieser Phase sollen die Schülerin und Schüler ebenfalls lernen, das Sachaufgaben in der Form (frage-rechne-antworte) bearbeitet werden. Zunächst wird eine Frage formuliert: „Passt der Text zur Skizze?". Dann folgt das Übertragen der Strecken in die Skizze, mit anschließendem Aufstellen einer Rechnung zur Überprüfung. Der Fokus der Problemstellung liegt darauf, dass die

---

[8] Siehe AB Sachrechnen – Skizzen, Anhang.

Kinder erkennen sollen, dass es gegebenenfalls nicht möglich ist, eine solche Strecke zu fahren. In einem Antwortsatz sollen sie ihre Beobachtung festhalten.

In der weiteren Erarbeitungsphase werden die Schülerin und Schüler angehalten, diese eben durchgeführte Vorgehensweise anhand neuer Texte selbstständig durchzuführen. Die Kinder sollen ihre neu erworbenen Kenntnisse somit selbstständig anwenden, üben und festigen. Für schwache Schüler wird ein „Helfertisch" angeboten. Hier kann die Lehrkraft auf nicht Verstandenes noch einmal eingehen, den Sinn einer Skizze verdeutlichen und das Prinzip der Ziel-Mittel-Analyse eingehender erläutern.

Im Anschluss erfolgt eine weitere Festigungs- und Zusammenfassungsphase. Es werden nun die Ergebnisse verglichen, indem einzelne Schülerin und Schüler ihre Ergebnisse vorlesen.

Zum Abschluss der Stunde geht die Lehrkraft auf die Lernziele ein und verdeutlicht noch einmal die Form von Sachaufgaben (frage – rechne – antworte) und den Sinn der einer Skizze, nämlich das Wesentliche und Bedeutsame herauszustellen.

Die Ziele dieser Unterrichtseinheit sind folgende:

- Die Schülerin und Schüler sind in den Lagen, eine Skizze anzufertigen und wesentliche und bedeutsame Informationen zur Lösung des Problems in die Skizze zu übertragen.
- Die Schülerin und Schüler können Sachaufgaben nach der Form (frage – rechne – antworte) bearbeiten.

3.3. Sachanalyse zum Thema: Einführung Dreieckskonstruktion

Der Fachinhalt ist dem Teilgebiet der Geometrie zugeordnet. Die Strukturierung des Rahmenplans Mathematik Grundschule in Mecklenburg Vorpommern, durch das Konzept der fundamentalen Ideen der Mathematik verankert, sieht dafür folgende Konzepte vor, die der durchgeführten Unterrichtsstunde zu Grunde liegen:

Die Idee der Form: Alle Objekte haben eine Form und diese Formen sind vergleichbar und durch Kriterien benennbar. Formen bestimmen nämlich wesentlich die Verwendbarkeit eines Objektes und anhand ihrer Form können Objekte klassifiziert werden (z. B. Dreieck).

Die Idee der Symmetrie: Die Schülerin und Schüler sollen die Symmetrie in der Lebenswirklichkeit erleben und ihre Bedeutung als Eigenschaft, wie bei künstlichen Objekten erfahren. Weiterhin soll die Symmetrie in der Geometrie als Relation von Objekt und Bild, und in der Arithmetik (Verdoppeln/Halbieren) erfasst und genutzt werden.[9]

---

9 Oberländer, Franz: Power Point Mathe H3, Teil1.

[10]In dieser Unterrichtsstunde wird die Geometrische Grundform `Dreieck' in der Ebene behandelt.

Die Ebene ist „eine durch drei nicht auf einer Geraden liegenden Punkte eindeutig bestimmte Fläche, deren Krümmung gleich null ist"[11] Abgeschlossene Streckenzüge, die aus drei Strecken bestehen, nennt man Dreiecke. Die drei Strecken sind die Seiten des Dreiecks, wovon je zwei Seiten des Dreiecks einen gemeinsamen Eckpunkt haben. „Zur Dreiecksfläche gehören alle Punkte auf dem Streckenzug (der Dreieckslinie) sowie alle Punkte im Innern des Dreiecks".[12]

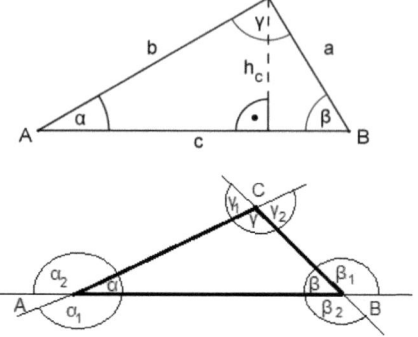

Die Seiten eines Dreiecks werden üblicherweise mit a, b und c bezeichnet. Die diesen Seiten gegenüberliegenden Eckpunkte und Winkel mit A, B und C bzw. mit α, β, γ. „Die Winkel zwischen je zwei Dreiecksseiten heißen Innenwinkel. Die Nebenwinkel der Innenwinkel sind die Außenwinkel des Dreiecks." (Kleiner Leitfaden, S. 201).

Dreiecke werden entweder nach den Längen ihrer Seiten oder nach der Größe ihrer Innenwinkel eingeteilt.

Unregelmäßiges Dreieck Ungleichseitiges Dreieck)	Gleichschenkliges Dreieck	
Alle Seiten haben unterschiedliche Seiten.	Zwei Seiten, die Schenkel, haben die gleiche Länge. Die dritte Seit ist die Basis. Die Basiswinkel sind gleich groß.	
	Nicht alle Seiten sind gleich-Lang.	Alle Seiten sind gleichlang. (gleichseitiges Dreieck)
$a \neq b$ $b \neq c$ $a \neq c$	$a = b$	$a = b = c$

Stumpfwinkliges Dreieck	Rechtwinkliges Dreieck	Spitzwinkliges Dreieck

[11] Meyers großes Taschenlexikon, Band 6, Seite 22.
[12] Kleiner Leitfaden Mathematik, Seite 201.

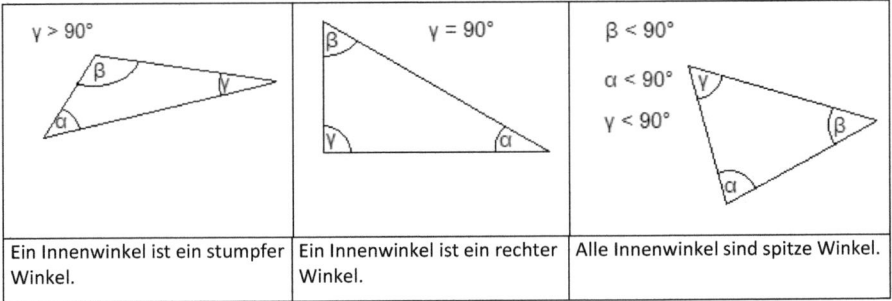

γ > 90° Ein Innenwinkel ist ein stumpfer Winkel.	γ = 90° Ein Innenwinkel ist ein rechter Winkel.	β < 90° α < 90° γ < 90° Alle Innenwinkel sind spitze Winkel.

Kongruenz von Dreiecken

„Zwei Dreiecke sind zueinander kongruent, wenn es eine Bewegung gibt, die ein Dreieck auf das andere abbildet."[13] Folgende Kongruenzsätze gibt es:

Kongruenzsatz sss: Zwei Dreiecke sind kongruent zueinander, wenn sie in allen drei Seiten übereinstimmen.

Kongruenzsatz sws: Zwei Dreiecke sind kongruent zueinander, wenn sie in wie Seiten und dem eingeschlossenen Winkel übereinstimmen

Kongruenzsatz wsw: Zwei Dreiecke sind kongruent zueinander, wenn sie in zwei Winkeln und der eingeschlossenen Seite übereinstimmen.

Kongruenzsatz SsW: Zwei Dreiecke sind kongruent zueinander, wenn sie in zwei Seiten und dem der größeren Seite gegenüberliegenden Winkel übereinstimmen.

3.4. Didaktisch-methodische Analyse zum Thema: Einführung Dreieckskonstruktion

Position im Rahmenplan

„Im Themenfeld *Form und Veränderung* geht es vordergründig um die Entwicklung von raumgeometrischen Vorstellungen. Raumvorstellung ist in vielen Lebensbereichen bedeutsam. Die Entwicklung der Raumvorstellung ist ein Schwerpunkt und zentrales Ziel des Mathematikunterrichts. Im Sinne des Spiralprinzips wird dabei wiederholt auf gleiche Schwerpunkte, wie die geometrischen Formen, das Operieren mit ihnen und die Beziehungen zwischen Formen, eingegangen, wodurch diese immer umfassender verstanden werden."

„Als wesentliche Voraussetzung für das Lösen von Problemen und für die Gewinnung der Einsicht in die Schönheit und Ästhetik von Mustern müssen die Schülerinnen und Schüler Fertigkeiten zur zeichnerischen Darstellung von ebenen Figuren und Körpern erwerben. Damit stehen ihnen neben dem Hantieren mit geometrischen Objekten die zeichnerische Darstellung derselben als Stütze für

---

[13] Kleiner Leitfaden Mathematik, Seite 204.

das Erfassen von Zuordnungen und Strukturen sowohl im geometrischen als auch im arithmetischen Bereich zur Verfügung. Der Prozess der Entwicklung von Zeichenfertigkeiten durchzieht alle Jahrgangsstufen. Hierbei gewinnen die Schülerinnen und Schüler sukzessive Sicherheit im Umgang mit Schablonen, Rastern und Zeichengeräten, dabei wird in den Jahrgangsstufen 1 bis 4 weitgehend auf systematische Konstruktionsverfahren verzichtet. Das Zeichnen ohne Hilfsmittel wird von der Jahrgangsstufe 1 an als selbstverständliche Möglichkeit des zeichnerischen Darstellens angewandt."[14]

Der Geometrieunterricht in der Grundschule sollte so aufgebaut sein, dass er an reale Erfahrungen der Schülerin und Schüler aus der Umwelt anknüpfen kann. Er sollte anwendungsorientiert gestaltet sein und somit Handlungserfahrungen und praktische Tätigkeiten ermöglichen, die sich auch fächerübergreifend erstrecken. Wichtig ist, dass er inhaltlich-integrativ ist, also mit anderen mathematischen Inhalten verankert wird und spielerisch, sozial organisiert ist.

Mit dem Zeichnen ebener Figuren werden Grundlagen für räumliche Darstellungen auf dem Papier geschaffen. Es sollen geometrische Erfahrungen gewonnen, das Vorstellungsvermögen und die visuelle Wahrnehmung weiterentwickelt werden und Eigenschaften geometrischer Figuren einbezogen werden. Beim Zeichnen werden Schemata im Sinne von Grundelementen aufgebaut, welche immer wieder abgerufen und eingesetzt werden sollen. Solche Schemata sind u. a. das Zeichnen von Geraden mit dem Lineal und das Zeichnen von Kreisen mit dem Zirkel, die auch bei der Konstruktion von geometrischen Figuren (Dreieck)auftreten.

Die materiellen Voraussetzungen sind ein weißes Blatt Papier, ein angespitzter Bleistift, ein Lineal und Zirkel. Gerade beim Zirkel ist darauf zu achten, dass er für die Kinder angemessen ist. Es sollte keine „High-End-Zirkel" sein, denn diese sind meist zu schwer und lassen sich schlecht bedienen. Kinder sind damit überfordert und werden demotiviert.

Da ich meiner Stunde die Dreieckskonstruktion eingeführt habe ist eine klare und genaue Handlungsanweisung zur Bewältigung der Aufgabe wichtig. Die Handlungsanweisung kann wie folgt aussehen:

Zeichne zunächst eine Gerade mit min. 8 cm Länge.
Trage einen Punkt A auf der Geraden ab
Nimm das Lineal und trage bei 6,5 cm einen Punkt B auf der Geraden ab.
Die Strecke AB muss jetzt 6,5 cm lang sein.
Nimm den Zirkel und stelle die Spannbreite auf 5,4 cm ein. Fixiere nun die Zirkelspitze im Punkt A und zeichne über der Strecke AB einen Kreisbogen.
Stelle nun die Spannbreite des Zirkels auf 3,6 cm ein. Fixiere die Zirkelspitze in Punkt B und zeichne nun einen Kreisbogen über der Strecke AB.
Der Schnittpunkt beider Kreisbögen wird als Punkt C markiert.
Zeichne nun die Strecken AC und BC.

---

[14] Rahmenplan Mathematik Grundschule in MV, Seite 24.

Diese Handlungsanweisung hat als Ergebnis ein rechtwinkliges Dreieck, welches ich als letztes der drei Konstruktionen durchgeführt habe.

Ein geeigneter Zugang zu dem Thema wäre das Freihandzeichnen von Dreiecken mit Vorgabe der Seitenlängen. So würden die Schülerin und Schüler schnell feststellen, dass diese Methode nicht sinnvoll wäre, da beim Freihandzeichnen von Dreiecken die Schwierigkeit darin besteht, die drei Seiten korrekt miteinander zu verbinden und dabei die vorgegebene Seitenlänge einzuhalten. Anschließend daran, lässt sich das Warum einer Dreieckskonstruktion erläutern. Auch eine Definition zu Konstruktion ist angebracht.

In meiner Stunde habe ich mit den Kindern insgesamt drei Dreiecke gezeichnet. Zur Veranschaulichung habe ich an der Tafel zu jedem Teilschritt der Handlungsanweisung mitkonstruiert. Aus der letzten Konstruktion entstand ein rechtwinkliges Dreieck. Ich habe die Kinder daraufhin gefragt, um welches Dreieck es sich handelt und durch welche entscheidende Eigenschaft (rechter Winkel) es gekennzeichnet ist. Ich wollte die Aufmerksamkeit auf die Winkel lenken, denn beim Zerlegen von Quadraten oder Rechtecken entstehen Dreiecke, deren zwei Seiten senkrecht zueinander sind und somit einen rechten Winkel haben.

Das Ziel der Stunde war, dass die Schülerin und Schüler in der Lage sind, mithilfe von Lineal und Zirkel ein Dreieck nach Handlungsanweisung zu konstruieren und dabei ihre Feinmotorischen Fähigkeiten im Umgang mit Zirkel und Lineal zu verbessern.

Um mögliche Lernschwierigkeiten der Kinder zu vermeiden ist es wichtig, dass die Handlungsanweisung klar und deutlich definiert wird. Die Abstraktionsleistung der Kinder, also das Gesagte oder Gelesene umzusetzen erfordert hohe Konzentration und Aufmerksamkeit und muss durch die Lehrkraft richtig angeleitet werden. Daher ist eine klare, deutliche und gut nachzuvollziehende Anleitung wichtig. Ein weiteres Problem ist die Auswahl des geeigneten Zirkels, wie bereits angesprochen. Es gibt eine Vielzahl von Zirkeln, mit unterschiedlichsten Ausstattungen. Für Kinder in der Grundschule ist ein Zirkel in entsprechender Größe, ohne Einstellungsmöglichkeiten am besten geeignet. Er ist nicht zu schwer und die Wahrscheinlichkeit, dass etwas kaputt geht verringert sich. Denn die Handhabung mit dem Zirkel erfordert viel feinmotorisches Können. Wenn ein Zirkel also zu schwer ist, wird der Umgang mit ihm noch zunehmend erschwert.

Um die feinmotorischen Fähigkeiten und Fertigkeiten der Kinder weiter auszubauen bietet es sich an auch im Kunstunterricht ebene Figuren konstruieren und zeichnen zu lassen, zum Beispiel das Herstellen von Bandornamenten.

4. Reflexion der eigenen Stunde

4.1. Stundenplanung - Sachrechnen

Die Ziele meiner Unterrichtsstunde waren, dass die Schülerin und Schüler in der Lage sind, eine Skizze zu vervollständigen und anzufertigen. Die Klasse versteht den Sinn einer Skizze und kann Sachaufgaben nach der Form (frage – rechne – antworte) bearbeiten.

Die Idee des Stundenaufbaus habe ich leider nicht so durchführen können, wie ich sie geplant hatte. Jedoch wäre es zeitlich möglich gewesen den Stundenaufbau, wie geplant umzusetzen. Meine Kommilitonen haben mich nach der Stunde darauf hingewiesen, dass ich den Unterricht zu sehr hab laufen lassen. Die Zeit zwischen den einzelnen Arbeitsschritten war zu groß. Der Grund für mein Verhalten lag darin, dass jeder Schüler und jede Schülerin die Bearbeitung der Aufgabe bewerkstelligt. Daher bin ich des Öfteren durch die Klasse gegangen und habe mir die Ergebnisse angeschaut und entsprechend Hilfestellung gegeben. Um die Stunde interessanter zu gestalten habe ich eine Folie aufgelegt, auf der der Scharmützelsee abgebildet ist. Hier wäre es besser gewesen eine Karte pro Tischbank anzubieten, da die Folie schlecht platziert und zu klein ist.

Eine Binnendifferenzierung wäre hier viel besser gewesen. Diese habe ich auch in meinen Stundenentwurf mit eingearbeitet. Jedoch hat die Erarbeitungsphase I hat zu viel Zeit in Anspruch genommen. Ich wollte einen Helfertisch anbieten. Jedes leistungsschwächere Kind hat so die Möglichkeit, die Aufgabe unter Hilfestellung erneut zu bearbeiten und nachzuvollziehen. Währenddessen sollten die leistungsstarken Kinder in der Erarbeitungsphase II selbstständig die Aufgabe bearbeiten.

Aufgrund der vorangeschrittenen Zeit habe ich mit der Klasse in der Erarbeitungsphase II nur einen Teil gemeinsam bearbeitet und versucht einen möglichst runden Stundenabschluss zu schaffen. In der Festigungs- und Zusammenfassungsphase habe ich die Klasse gefragt, nach welcher Form Sachaufgaben bearbeitet werden und welchen Sinn eine Skizze hat, nämlich das Wesentliche und Bedeutsame herauszustellen, dass zur Lösung der Aufgabe nötig ist.

Auch wenn die Stunde nicht so abgelaufen ist, wie ich sie geplant hatte, konnte ich zwei meiner Stundenziele verwirklichen. Die Schülerin und Schüler haben den Sinn einer Skizze verstanden und können Sachaufgaben nach der Form (frage – rechne – antworte) bearbeiten.

4.2. Stundenplanung – Dreieckskonstruktion

Die Ziele meiner zweiten Unterrichtsstunde waren, das die Schülerin und Schüler in der Lage sind, mit Zirkel und Lineal ein Dreieck nach Handlungsanweisung zu konstruieren, um dabei ihre feinmotorischen Fähigkeiten im Umgang mit Zirkel und Lineal zu verbessern.

Die durchgeführte Stunde diente als Einführungsstunde. In der Einführungs- und Motivationsphase habe ich die Klasse gefragt, welche Geschenke sie zu Weihnachten bekommen haben. Im Anschluss daran habe ich Lineal und Zirkel gezeigt, mit der Anmerkung diese vom Weihnachtsmann geschenkt bekommen zu haben. Anknüpfend daran habe ich die Schülerin und Schüler befragt, was man mit Lineal und Zirkel konstruieren kann. Danach habe ich mit der Konstruktion des ersten Dreiecks begonnen. Es wäre jedoch sinnvoll gewesen auf das Warum der Dreieckskonstruktion einzugehen und die Kinder zunächst selbstständig Dreiecke frei Hand zeichnen zu lassen. So wären sie selber zu dem Schluss gekommen, dass es äußerst schwierig ist, ein Dreieck mit vorgegebenen Seitenlängen exakt zu zeichnen. Weiter hätte eine Definition zu Konstruktion kommen müssen.

In der Erarbeitungsphase gab es vielerlei Probleme. Wie bereits in der didaktisch-methodischen Analyse erwähnt, hatten viele Kinder Probleme mit ihrem Zirkel. Der Unterricht hat sich daher verzögert, da ich zwischendurch die Zirkel der Schülerin und Schüler repariert habe.

Die Handlungsanweisung haben die Kinder soweit gut nachvollziehen können und jeder Teilschritt wurde umgesetzt. Hierbei sind mir kleine Detailfehler unterlaufen. So haben viele Kinder zum Beispiel im ersten Teilschritt die Gerade direkt am oberen Rand des Blattes konstruiert. Somit war kein Platz mehr vorhanden, um den nächsten Schritt auszuführen, nämlich das Abtragen des Kreisbogens.

Auch in dieser Stunde ist es mi nicht gelungen alle Dreiecke mit den Kindern zu konstruieren. Schuld daran, ist die Zeit zwischen den Teilschritten. Wiederum habe ich viel Zeit dafür in Anspruch genommen durch die Klasse zu gehen, um mir von den Fortschritten einen Eindruck zu verschaffen.

Um nun wieder einen runden Stundenabschluss zu schaffen, habe ich mit den Kindern nur zwei, anstatt drei Dreiecke konstruiert. Das letztere ist ein rechtwinkliges Dreieck gewesen. Ich habe die Kinder in der Festigungs- und Zusammenfassungsphase daraufhin gefragt, um welches Dreieck es sich handelt und durch welche entscheidende Eigenschaft (rechter Winkel) es gekennzeichnet ist. Jedoch wusste nur Schüler2, einer der leistungsstarken Schüler die Antwort. Ich wollte die Aufmerksamkeit auf die Winkel lenken, denn wie beim Zerlegen von Quadraten oder Rechtecken entstehen Dreiecke, die einen rechten Winkel haben. Es wäre jedoch zusätzlich sinnvoll gewesen sich, bei den Schülerin und Schülern zu informieren, was ihnen gefallen hat, was schon recht gut geht und wo noch Probleme oder Schwierigkeiten bestehen.

Die Ziele meiner Stunde konnte ich in dem Maße umsetzen, dass die feinmotorischen Fähigkeiten der Kinder im Umgang mit Zirkel und Lineal weiter ausbildet wurden. Die Klasse ist soweit in der Lage mit Handlungsanweisung und Hilfestellung durch den Lehrer ein Dreieck zu konstruieren.

Student:	David Hößel	Schule:	
Klasse:		Fach:	Mathe
Fachlehrerin:		Datum:	
Stunde:		Thema der Stunde:	Sachrechnen

Ziele: Die Schüler sind in der Lage, eine Skizze zu vervollständigen/anzufertigen.

Die Schüler verstehen den Sinn einer Skizze.

Die Schüler können Sachaufgaben nach der Form (frage – rechne – antworte) bearbeiten.

Zeit	Unterrichtsphase method. – didak. Funktion	Geplantes Lehrerverhalten	Lehrerverhalten/-Aktivität	Handlungsmöglich-keiten der Schüler	Sozialform / Medien	Ergänzungen	Anmerkungen
08:25 Uhr	Begrüßung	L. begrüßt die S. und stellt sich vor	*Guten Morgen!*	S. antworten mit „Guten Morgen"	Tafel	Name steht an der Tafel	
08:26 Uhr	Einführung / Motivation	L. stellt das heutige Thema vor.	*Letzte Woche habt ihr ja mit Sachaufgaben gerechnet. Heute wollen wir noch mehr dazu lernen.*		LV		
			Erinnert ihr euch an die Bootsfahrt? Heute soll es auch um eine Bootsfahrt gehen! Kennt jemand von euch den Scharmützelsee?	S. antworten			
				S. antworten und geben evtl. eine Erläuterung			
		L. gibt einige Informationen zum See	*Das ist ja wirklich ein komischer Name, oder? Der Scharmützelsee liegt im Bundesland Brandenburg. Die Entfernung von Rostock, bis zum Scharmützelsee beträgt ungefähr 300 km. Mit dem Auto ist man ungefähr 3 Stunden unterwegs! Das ist ganz schön weit!*		Karte Übersicht		

17

08:30 Uhr	Erarbeitung I					
			Auf dem Scharmützelsee kann man tolle Bootsfahrten machen! Ich habe selber schon einmal eine Bootsfahrt auf diesem See gemacht! Da war ich so alt wie ihr jetzt seid.			
		L. teilt ein AB aus			LV, Tafel	*Sinn einer Skizze:* Das Wesentliche und Bedeutsame herausstellen.
		L. legt eine Karte vom Scharmützelsee auf den Polylux und erarbeitet mit den Schülern die unvollständige Skizze.	*Schaut euch das AB in Ruhe an! Wir wollen nun gemeinsam die unvollständige Skizze ausfüllen und die Aufgabe lösen!*			
			Welche Orte seht ihr denn auf der Karte?	S. geben Antwort: - Alte Eichen - Wendisch Rietz - Saarow Strand - Bad Saarow Hafen - AROSA - Diensdorf - Cecilienpark	Polylux AB	S. und L. übernehmen die Orte ins Heft/Tafel.
		L. erklärt die erste Aufgabe, die zusammen mit den S. an der Tafel erarbeitet werden soll.	*Tim, Dana und die Oma haben eine Bootsfahrt gemacht. Doch war das überhaupt möglich? Ist es möglich diese Strecken mit dem Boot zu fahren, die auf dem AB angegeben sind? Wir wollen das jetzt gemeinsam überprüfen!*			
		L. bittet S. die Texte vorzulesen.	*Wir wollen nun einmal schauen, welcher Weg denn der richtige ist! Bitte lies die Texte vor!*	S. lesen Texte A,B,C vor	Polylux, Tafel	
		L. erarbeitet mit den S. die richtige Lösung	*Schreibt auf eurem AB mit.*	S. erkennen, dass Text B die richtige Lösung ist!		Beachten der Punkte: frage – rechne – antworte!

Zeit	Phase	L-Aktionen	Lehrersprache	S-Aktionen	Methode/Material	Hinweise
08:37 Uhr	Erarbeitung II	L. teilt ein AB aus L. erklärt die Aufgabenstellung L. geht noch einmal auf die Form der Aufgabe ein! (Frage- Rechnung – Antwort)	*Nun sollt ihr selber einmal eine Skizze anfertigen und die Strecken von Kilian, Lea und Malte einzeichnen! Anschließend sollt ihr überprüfen, ob die 3 eine solche Strecke fahren können! Beachtet die Form! Frage –Rechnung – Antwort!!!*	S. beginnen mit der Bearbeitung der Aufgabe!	AB	Helfertisch anbieten!
08:55 Uhr	Festigung / Zusammenfassung	L. lässt S. die Ergebnisse vortragen. L. schreibt die Lösung an der Tafel mit. L. fasst Wichtiges zusammen.	*Nun wollen wir eure Ergebnisse vergleichen. Wer möchte denn beginnen?* *1. Sachaufgaben in der Form: „frage – rechne – antworte" bearbeiten 2. Sinn einer Skizze: Das Wesentliche und Wichtige herausstellen, das zur Lösung der Aufgabe nötig ist.*	S. lesen ihre Ergebnisse vor! S. erkennen, dass alle drei Wege möglich sind.	AB	
09:10 Uhr	Schluss	L. beendet die Stunde und bedankt sich für die Mitarbeit	*Die Stunde ist nun zu Ende und ich danke euch für eure Mitarbeit. Es hat mir sehr viel Spaß gemacht!*	S. verabschieden sich!	Plenum	

Tafelbild

A:
Frage: Passt der Text zur Skizze?

Rechnung:

Antwort:

B:
Frage:

Rechnung:

Antwort:

C:
Frage:

Rechnung:

Antwort:

1. Welcher Text passt zu dieser Skizze?

Tipp!!!
Zeichne die Strecken farbig ein. Benutze für jede Strecke eine andere Farbe!

A Dana fährt von Bad Saarow 6,5 km bis Saarow Strand und 10 km weiter bis nach Schwarzhorn.

B Oma fährt von Bad Saarow nach Wendisch Rietz. Nach 2 km hält das Schiff in Cecilienpark kurz an, bis Alte Eichen sind es 1,5 km. Danach fährt es 3 km bis Saarow Strand. Bis Wendisch Rietz hält es noch 3-mal und legt dabei 7 km zurück.

C Tim fährt von Wendisch Rietz 7 km nach Saarow Strand. Von dort fährt das Schiff 9,5 km bis Alte Eichen.

Frage – rechne – antworte.

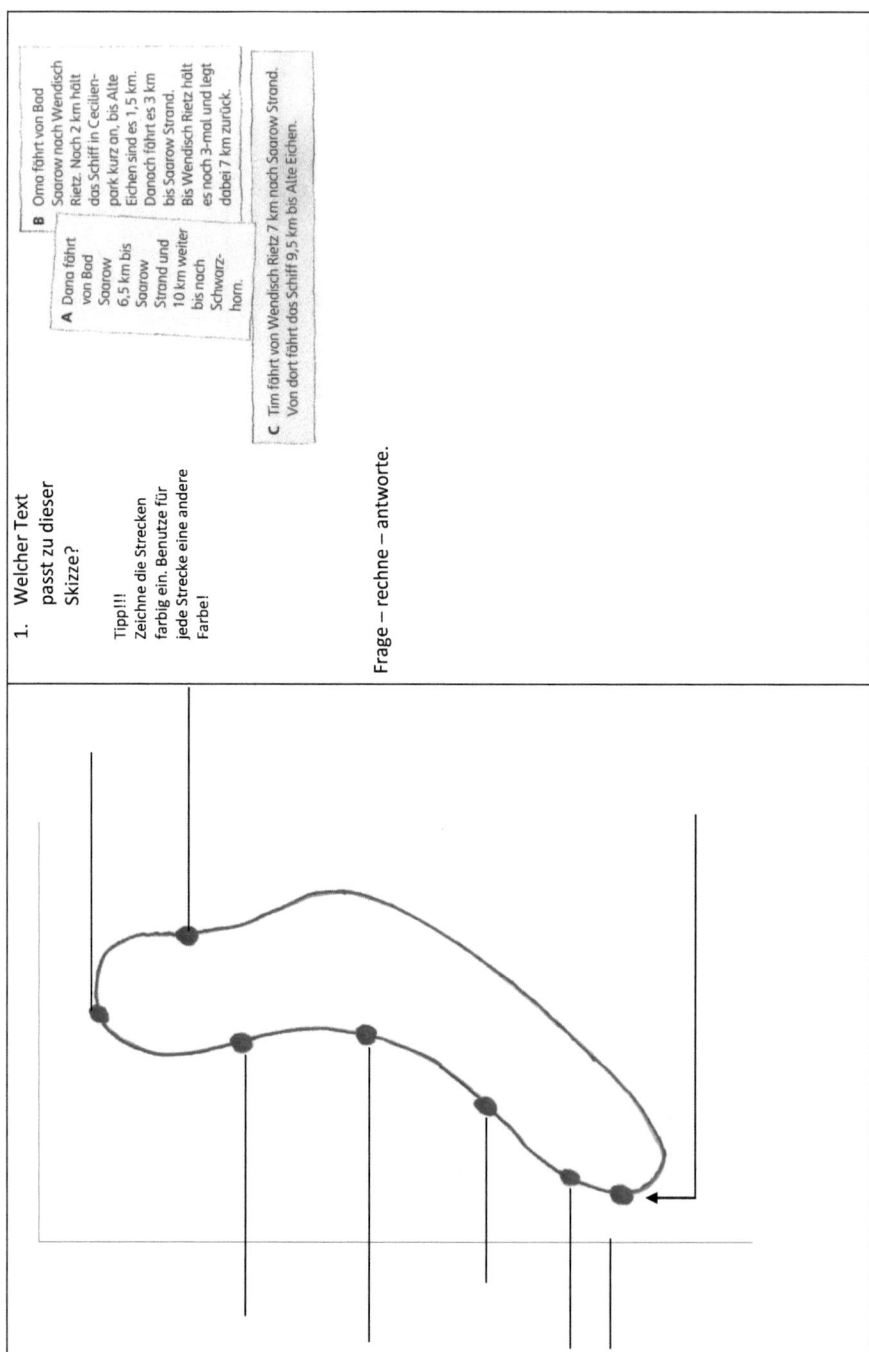

Skizziere nun selbst die Strecke und überprüfe, ob es möglich ist, so eine Fahrt zu machen. Denk daran deine Skizze vorher zu beschriften!

a) Kilian fährt mit dem Schiff von Diensdorf 4,5 km bis Cecilienpark. Von dort fährt das Schiff 1,5 km weiter bis Kurfürstensteg.

b) Leo fährt von Bad Saarow 3,5 km bis Alte Eichen und 10 km weiter bis nach Wendisch Rietz.

c) Malte startet in Alte Eichen und fährt 3 km nach Saarow Strand, dann 3 km bis nach A-ROSA. Noch weiteren 2,5 km steigt er in Schwarzhorn aus.

Frage – rechne – antworte.

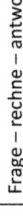

Student: David Hößel

Schule:

Klasse:

Fach: Mathe

Fachlehrerin:

Datum:

Stunde:

Thema der Stunde: Dreieckskonstruktion

Ziele: Die Schüler sind in der Lage mit Zirkel und Lineal ein Dreieck nach Handlungsanweisung zu konstruieren.

Die Schüler verbessern ihr Feinmotorischen Fähigkeiten beim Umgang mit Zirkel und Lineal.

Zeit	Unterrichtsphase method. – didak. Funktion	Geplantes Lehrerverhalten	Lehrerverhalten/-Aktivität	Handlungsmöglich-keiten der Schüler	Sozialform / Medien	Ergänzungen	Anmerkungen
08:25 Uhr	Begrüßung	L. begrüßt die S. und stellt sich vor	*Guten Morgen!*	S. antworten mit „Guten Morgen"	Tafel LSG	Name steht an der Tafel	
08:26 Uhr	Einführung / Motivation	L. fragt S. nach Weihnachtsgeschenke. L. erzählt sein Weihnachtsgeschenk L. zeigt Geschenk den S.	*Was hat euch denn das Christkind/ der Weihnachtsmann zu Weihnachten geschenkt?* *Ah, sehr schön!* *Ich habe auch etwas Schönes vom Christkind geschenkt bekommen! Er hat mir das hier geschenkt (Lineal und Zirkel)!* *Wisst ihr was das ist und was man damit machen kann?*	einige S. nennen ihr Geschenke S. antworten: Lineal und Zirkel und evtl. Dreieckskonstruktion	LSG		

23

Zeit	Phase	Lehreraktivität		Medium	
		L. gibt Handlungsanweisung zur Konstruktion eines Dreiecks	*Wir wollen heute nämlich mit Hilfe von Lineal und Zirkel Dreiecke konstruieren!*		
			Dazu Legt euch ein weißes Blatt Papier, einen angespitzten Bleistift, ein Lineal und einen Zirkel zurecht.		Den Zirkel mit Daumen, Zeigefinger und Ringfinger anfassen! Leicht anwinkeln!
08:30 Uhr	Erarbeitung	L. konstruiert an der Tafel	*Handlungsanweisungen zu Dreieck I, II, III siehe Anlagen.*	S. beginnen mit der Konstruktion!	Tafel
		L. vergewissert sich zwischendurch, ob alle richtig zeichnen!			
09:05 Uhr	Zusammenfassung / Verknüpfung	L. fragt S. um welches Dreieck es sich handelt!	*Wer weiß, was das zuletzt gezeichnete für ein Dreieck ist?*	S. geben evtl. Antwort: rechtwinkliges Dreieck; rechter Winkel beträgt 90°	Tafel
09:10 Uhr	Schluss	L. verabschiedet sich	*Die Stunde ist nun zu Ende. Es hat mir sehr viel Spaß gemacht mit euch zu arbeiten! Packt nun eure Sachen ein.*		

Handlungsanweisung

Dreieck I

Zeichne zunächst eine Gerade mit min. 7 cm Länge.
Trage einen Punkt A auf der Geraden ab
Nimm das Lineal und trage bei 5 cm einen Punkt B auf der Geraden ab.
Die Strecke AB muss jetzt 5cm lang sein.
Nimm den Zirkel und fixiere die Zirkelspitze im Punkt A und die Zirkelmine in Punkt B, sodass die Spannbreite des Zirkels ebenfalls 5cm beträgt!
Zeichne über der Strecke AB einen Kreisbogen
Fixiere nun die Zirkelspitze in Punkt B und die Zirkelmine an einer Stelle auf der Geraden vor dem Punkt A, sodass die Spannbreite ebenfalls weniger als 5 cm beträgt.
Zeichne nun einen Kreisbogen über der Strecke AB.
Der Schnittpunkt beider Kreisbögen wird als Punkt C markiert.
Zeichne nun die Strecken AC und BC.

Dreieck II

Zeichne wieder eine Gerade mit min. 8 cm Länge.
Trage einen Punkt A auf der Geraden ab
Nimm das Lineal und trage bei 6 cm einen Punkt B auf der Geraden ab.
Die Streck AB muss jetzt 6cm lang sein.
Die Spannbreite des Zirkels auf ca. 7 cm einstellen. Nimm den Zirkel und fixiere die Zirkelspitze im Punkt A. Zeichne über der Strecke AB einen Kreisbogen.
Fixiere nun die Zirkelspitze in Punkt B und die Zirkelmine an einer Stelle auf der Geraden vor dem Punkt A, sodass die Spannbreite ebenfalls weniger als 6 cm beträgt.
Zeichne nun einen Kreisbogen über der Strecke AB.
Der Schnittpunkt beider Kreisbögen wird als Punkt C markiert.
Zeichne nun die Strecken AC und BC.

Dreieck III

Zeichne wieder eine Gerade mit min. 8 cm Länge.
Trage einen Punkt A auf der Geraden ab
Nimm das Lineal und trage bei 6,5 cm einen Punkt B auf der Geraden ab.
Die Streck AB muss jetzt 6,5 cm lang sein.
Nimm den Zirkel und stelle die Spannbreite auf 5,4 cm ein. Fixiere nun die Zirkelspitze im Punkt A und zeichne über der Strecke AB einen Kreisbogen.
Stelle nun die Spannbreite des Zirkels auf 3,6 cm ein. Fixiere die Zirkelspitze in Punkt B und zeichne nun einen Kreisbogen über der Strecke AB.
Der Schnittpunkt beider Kreisbögen wird als Punkt C markiert.
Zeichne nun die Strecken AC und BC.

Sitzplan

Tafel

Lehrertisch		

W M	M W	W W

_ M	M M	_ M

M W	M W	W M

M M	W M	M W

M W	_ M	_ W

6. Literaturverzeichnis

Franke, Marianne: Didaktik der Geometrie in der Grundschule. Heidelberg, Berlin: Spektrum Akademischer Verlag, 2007.

Franke, Marianne: Didaktik des Sachrechnens in der Grundschule. Heidelberg, Berlin: Spektrum Akademischer Verlag, 2003.

Hasemann, Klaus: Anfangsunterricht Mathematik. Elsevier GmbH, München: Spektrum Akademischer Verlag, 2007.

Kleiner Leitfaden Mathematik: für den Unterricht in der Sekundarstufe I / Paetec, Gesellschaft für Bildung und Technik mbH. Hsrg. Von Lutz Engelmann. [Autoren: Klaus-Peter Eichler ...]. – 1. Aufl.. – Berlin: Paetec, Ges. für Bildung und Technik, 1996.

Meyers großes Taschenlexikon, Band 6.

Rahmenplan Mathematik Grundschule in MV.